Allergene Wirkungen von metallischen Werkstoffen auf den menschlichen Körper

Marcel Bernhard

Bibliografische Information der Deutschen Nationalbibliothek:

Die Deutsche Nationalbibliothek verzeichnet diese Publikation in der Deutschen Nationalbibliografie; detaillierte bibliografische Daten sind im Internet über http://dnb.d-nb.de abrufbar.

ISBN: 9783346951045
Dieses Buch ist auch als E-Book erhältlich.

© GRIN Publishing GmbH
Trappentreustraße 1
80339 München

Druck und Bindung: Books on Demand GmbH, Norderstedt Germany
Gedruckt auf säurefreiem Papier aus verantwortungsvollen Quellen

Das vorliegende Werk wurde sorgfältig erarbeitet. Dennoch übernehmen Autoren und Verlag für die Richtigkeit von Angaben, Hinweisen, Links und Ratschlägen sowie eventuelle Druckfehler keine Haftung.

Das Buch bei GRIN: https://www.grin.com/document/1398098

Studienarbeit

Die potenzielle allergene Wirkung von metallischen
Werkstoffen auf den menschlichen Körper

Hochschule:	Hochschule Mannheim
Institut:	Fakultät für Wirtschaftsingenieurwesen
Veranstaltung:	Studienarbeit (STA)
Betreuender Professor:	████████████████
Verfasser:	Marcel Bernhard
Matrikelnummer:	████████
Ort, Datum der Abgabe:	Mannheim, 26.05.2021

Inhaltsverzeichnis

Abbildungsverzeichnis

Tabellenverzeichnis

1 Einleitung und Aufbau der Arbeit

Im Laufe der letzten Jahrzehnte ist die Lebenserwartung des Menschen immer weiter angestiegen. Einer der Hauptgründe für jene Errungenschaft ist die kontinuierliche Weiterentwicklung der Medizintechnik.[1]

Mithilfe dieser Branche wurde es möglich „einfache mechanische oder andere physikalische Funktionen des menschlichen Körpers, die aufgrund eines singulären Defektes im Gewebe oder als Ergebnis einer chronischen Erkrankung"[2] beeinträchtigt werden zu substituieren. Beispiele für solche Substitutionen im menschlichen Organismus sind Gelenkprothesen, welche Lasten übertragen, Zahnimplantate, die einen Schutz des Kieferknochens mit sich bringen oder auch künstliche Arterien, die der Aufrechterhaltung der Blutversorgung dienen.[3]

Sämtliche Produkte beziehungsweise die Werkstoffe, die in jenen Produkten enthalten sind, müssen vor der praktischen Anwendung auf eine grundsätzliche Biofunktionalität und Biokompatibilität (Körperverträglichkeit) geprüft werden. Solch eine Prüfung ist notwendig um die dauerhafte Aufnahme jener Prothesen oder auch Implantate im menschlichen Körper zu gewährleisten.[4]

Durch die Fachbereiche der Biokompatibilität und Biofunktionalität wurde die Weiterentwicklung der Werkstoffwissenschaft aus medizintechnischer Sicht immer wichtiger. Die ersten Prothesen bzw. Implantate wurden aus Werkstoffen entwickelt, welche bislang nur im handwerklichen oder industriellen Sektor zum Einsatz kamen. Die Biokompatibilität war somit bei jenen Werkstoffen nicht zwangsläufig gegeben und es kam häufig zu Abwehrreaktionen des Organismus in Form von Entzündungen oder auch Allergien bei den betroffenen Personen.[5]

Durch die Errungenschaften in der Werkstoffwissenschaft wurde es möglich Prothesen und Implantate aus weitestgehend inerten Werkstoffen in den menschlichen Körper einzusetzen. Aufgrund der größtenteils neutralen Verhaltensweise dieser Werkstoffe

---

[1] Vgl. Statistisches Bundesamt (05.10.2020).
[2] Wintermantel und Ha (2009, S. 63).
[3] Vgl. Wintermantel und Ha (2009, S. 63).
[4] Vgl. Wintermantel und Ha (2009, S. 72).
[5] Vgl. Wintermantel und Ha (2009, S. 63).

traten deutlich weniger Abwehrreaktionen des Organismus bei der Aufnahme jener Fremdkörper auf.[6]

Heutzutage hat man eine Vielzahl an Auswahlmöglichkeiten, was die Wahl des Werkstoffes bei der Prothese bzw. des Implantats betrifft. Es wird grundsätzlich zwischen Produkten aus Metall, Nichtmetall oder aus Naturstoffen unterschieden.[7] Diese Studienarbeit wird sich hauptsächlich mit Prothesen oder Implantaten aus metallischen Werkstoffen beschäftigen.

Der Grund für die Verfassung dieser Arbeit ist die sich stetig weiterentwickelnde Branche der medizinischen Werkstofftechnik. Heutzutage greift man beispielsweise bei der Erzeugung von Prothesen oder Implantaten nicht mehr ausschließlich auf Metalle zurück, sondern zieht auch mehrere alternative Werkstoffe zur Rate. Mithilfe der nachstehenden Ausarbeitung soll der Anlass für jene Entwicklung deutlich gemacht werden.

Im Folgenden wird der Aufbau der Arbeit erläutert.

Nach der Einleitung (1. Kapitel) befasst sich das zweite Kapitel zum einen mit der geschichtlichen Entwicklung von Prothesen und Implantaten, und zum anderen mit den Grundlagen der Biokompatibilität und Biofunktionalität, welche für die Wahl des Werkstoffs bei der Konstruktion neuer Produkte entscheidend sind.

Kapitel drei wird sich mit insgesamt zwei Fallbeispielen zu verschiedenen Werkstoffen und deren möglichen Auswirkung auf den menschlichen Organismus beschäftigen:

- Gegenüberstellung von Endoprothesen aus den Werkstoffen Titan bzw. Titanlegierungen und Co-Cr-Legierungen
- Gegenüberstellung von Füllungen im Zahnbereich aus Amalgam und Goldlegierungen

Im Zuge dessen werden im vierten Kapitel der Studienarbeit medizinische Grundlagen erläutert, um die Abwehrmechanismen des menschlichen Organismus auf die eingesetzten Fremdkörper besser nachvollziehen zu können. Mithilfe jener fachlichen Basis sollen dann im fünften Punkt denkbare Lösungsmöglichkeiten erläutert werden,

---

[6] Vgl. Wintermantel und Ha (2009, S. 64).
[7] Vgl. Arnold (2013, S. 16f.).

um sämtliche Abwehrreaktionen des Körpers auf die bereits erwähnten Produkte zu mildern bzw. im Idealfall gänzlich zu verhindern.

Abschließend werden eine kurze Zusammenfassung und ein Fazit über die gesammelten Erkenntnisse gegeben. Im Anhang befinden sich zudem zwei Literaturverzeichnisse. Das erste Literaturverzeichnis beinhaltet Bücher, Berichte, Zeitungsartikel und Gesetze, während sich das zweite mit Internetquellen beschäftigt.

2 Die Entstehung bzw. Weiterentwicklung von biokompatiblen und biofunktionalen Produkten

Die geschichtliche Entwicklung von Prothesen und Implantaten geht weit bis in die Vergangenheit zurück. Schon ungefähr 1500 Jahre vor Christus wurden die ersten Prothesen in Ägypten erfunden und erzeugt. Hierbei handelte es sich im Vergleich zu den heutigen Produkten um rudimentäre Erzeugnisse, welche allerdings für die damalige Zeit großartige Errungenschaften waren.[8] Hierzu zählen beispielsweise ein Holzzeh oder auch eine Zahnbrücke aus Gold, beide wurden in Grabmälern von ägyptischen Pharaonen gefunden. Zu Beginn des 16. Jahrhunderts entstanden die ersten technisch komplexeren Prothesen. Das wohl größte Problem für die Menschen der damaligen Zeit waren die Kosten für eine solch ausgefeilte Prothese. Nur die Oberschicht der Gesellschaft war in den meisten Fällen in der Lage sich hochwertige Prothesen anfertigen zu lassen.[9]

Erst zu Beginn des 20. Jahrhunderts kam es zu einer sprunghaften Modernisierung der Prothetik. Der Grund hierfür waren die zahlreichen schwer verwundeten Soldaten, die im ersten Weltkrieg kämpften. Der Prothesenbau, welcher bislang hauptsächlich Aufgabe von Handwerkern und Schmieden war, wurde nun auch zur Angelegenheit von Ingenieuren, Medizinern und Naturwissenschaftlern. Nur wenige Jahre nach jenem Umschwung in der Prothetik wurden zahlreiche Prothesen komfortabler und boten ihren Trägern deutlich mehr Bewegungsfreiheit als noch im vergangenen Jahrhundert. Ein Beispiel für diese Entwicklung ist die Sauerbruch'sche Handprothese

---

[8] Vgl. Wenzel (27.01.2020).
[9] Vgl. Liebsch (16.4.2015).

(siehe Abbildung 1), mit welcher es erstmalig möglich wurde wieder aktiv zuzugreifen.[10] Das Repertoire an Prothesen, die die moderne Medizintechnik zu bieten hat, ist mittlerweile sehr weitgefächert. Die damals angestoßene Entwicklung gipfelt heute in computergesteuerter Hightech-Fertigung.[11]

Die Entstehung der ersten Implantate hingegen, geht bis auf die Maya Kultur (ungefähr 600 Jahre nach Christus) zurück, bei welchen Muschelstücke als Zahnersatz in den Kiefer verpflanzt wurden. Während des Mittelalters wurden häufig

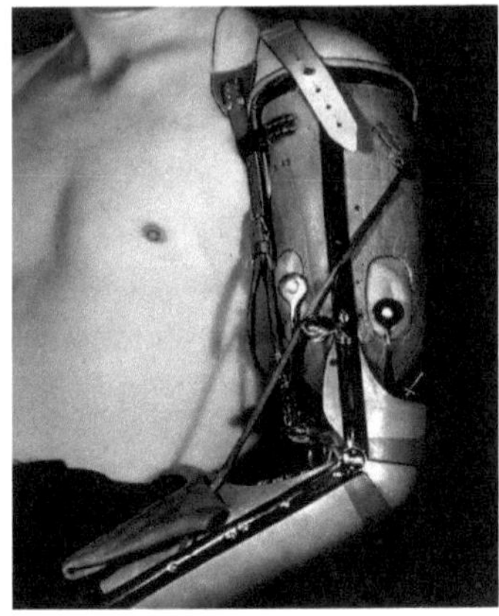

Abbildung 1: Sauerbruch'sche Handprothese
Quelle: Gerste (30.09.2016)

Rinderknochen oder auch Elfenbein als Zahnersatz benutzt. Die ersten moderneren Zahnimplantate entstanden erst um das Jahr 1930, als Mediziner begannen künstliche Zähne mit Metallschrauben im Knochen zu fixieren.[12]

Größere Herausforderungen entstanden durch die Bestrebung Zell- oder Gewebefunktionen zu erneuern oder sogar vollständig zu ersetzen. Seit dem 19. Jahrhundert experimentierten führende Mediziner und Ingenieure an jenem Vorhaben. Der deutsche Chirurg Themistocles Gluck beispielweise baute künstliche Hüften, Knie, Handgelenke und Ellenbogen in die Körper seiner Patienten ein, wobei er sich bei seinen Produkten auf den Werkstoff Elfenbein beschränkte. Elfenbein erwies sich in der Praxis allerdings als zu weich und konnte somit nicht die gewünschten Anforderungen erfüllen. In den folgenden Jahrzehnten wurden auch Werkstoffe wie zum Beispiel Acryl oder Gummi erprobt, aber auch diesen Werkstoffen fehlte es an der nötigen Stabilität.[13]

Heutzutage werden Kunstgelenke in der Regel aus Metall, Keramik und dem Kunststoff Polyethylen angefertigt, da diese durch ihre höhere Festigkeit eine deutlich bessere Stabilität vorweisen.[14]

---

[10] Vgl. Gerste (30.09.2016).
[11] Vgl. Liebsch (16.4.2015).
[12] Vgl. Uhlmann (15.03.2016).
[13] Vgl. Uhlmann (15.03.2016).
[14] Vgl. Wintermantel und Ha (2009, S. 190).

Anhand der vorangegangenen geschichtlichen Beispiele bezüglich Prothesen- und Implantat-Technik wird die in den letzten Jahrzehnten gemachte Entwicklung in der Brache der Medizintechnik ersichtlich. Jene Erkenntnis soll nun durch die folgende Grafik (vgl. Abbildung 2) erneut bekräftigt werden.

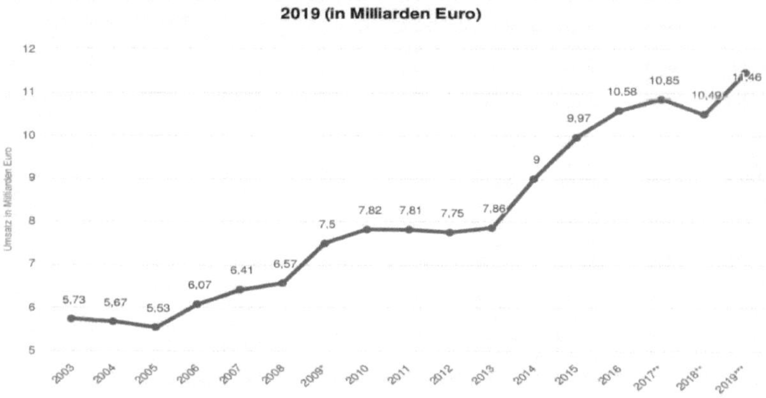

Abbildung 2 Umsatz Branche Medizintechnik in Deutschland von 2003-2009
Quelle: Statistisches Bundesamt zitiert nach de.statista.com (05.2020)

Abbildung zwei zeigt, dass sich der Umsatz, den die deutsche Industrie für Medizintechnik im Inland zwischen den Jahren 2003 und 2019 erzielte, verdoppelt hat und verdeutlicht damit, dass sich der Stellenwert der Medizintechnik in den letzten zwei Jahrzenten deutlich erhöht hat.[15]

Mitentscheidend für diese positive Entwicklung war die Erkenntnis, dass Werkstoffe, auch wenn sie auf den ersten Blick gewisse Grundvorausetzungen (hohe Stabilität) erfüllen um als Prothese oder Implantat im menschlichen Körper eingesetzt zu werden, nicht negligeant verwendet werden dürfen. Grund hierfür sind Abwehrreaktionen des menschlichen Organismus, welche bei der Verwendung von Prothesen und Implantaten auftreten können. Somit müssen sämtliche Produkte vor ihrer Nutzung einigen Prüfungen bezüglich Biofunktionalität und Biokompatibilität unterzogen werden.[16]

---

[15] Statistisches Bundesamt zitiert nach de.statista.com (05.2020).
[16] Vgl. Wintermantel und Ha (2009, S. 72).

Die Biofunktionalität ist als die Substitution einer oder mehrerer Funktionen im biologischen System durch ein technisches System definiert.[17]

Jene Anforderungen, die das eingesetzte Produkt gewährleisten muss, sind oft sehr vielfältig.

Eine Hauptaufgabe ist beispielweise die Übertragung von Lasten. Voraussetzung hierfür ist, dass der verwendete Werkstoff eine ausreichende Festigkeit, Steifigkeit, und Zähigkeit besitzt um die Funktionen des Knochens zu unterstützen. Um ein Versagen durch Ermüdung zu verhindern ist außerdem die Dauerfestigkeit des Bauteils von hoher Bedeutung. Maßgeblich für eine hohe Dauerfestigkeit ist die Oberflächenbeschaffenheit des Materials, somit müssen bei der Entwicklung solch eines Produktes auf Kerbwirkungen und Spannungskonzentrationen geachtet werden um diese schlussendlich zu vermindern. Weitere Einflussfaktoren auf die bei der Fertigung eines möglichst biofunktionalen Produkts eingegangen werden müssen sind die Entstehung von Reibung zwischen dem Fremdkörper und dem menschlichen Organismus sowie die Ableitung von körperinternen Flüssigkeiten.[18]

Die Biokompatibilität hingegen ist als Verträglichkeit eines technischen Stoffs mit einem biologischen System definiert. Hierbei erfolgt eine Differenzierung in Strukturkompatibilität und Oberflächenkompatibilität, diese gehören der statischen Biokompatibilität an. Unter Strukturkompatibilität wird die Fähigkeit eines Werkstoffs, sich dem Empfängergewebe strukturell anzupassen, verstanden. Die Oberflächen-kompatibilität beschreibt dahingegen die Oberflächeneigenschaften eines Werkstoffs und deren Wechselwirkungen mit dem Gewebe. Zudem gibt es die dynamische Biokompatibilität. Jene bezieht sich auf die Dauer und die Kontaktzeit des Werkstoffs in Bezug auf das Gewebe.[19]

Dient ein Material als Gerüst für den Knochenaufbau, indem sich an ihn Knochenablagerungen ablagern, so spricht man von „konduktiver" Kompatibilität. Bei der Verwendung der Werkstoffe sollte darauf geachtet werden, dass die chemischen und physikalischen Eigenschaften möglichst ähnlich zu denen des menschlichen Körpers sind. Allerdings ergibt sich an dieser Stelle ein Problem. Bei natürlichen Geweben handelt es sich um biologisch aktive Systeme, sprich um lebende Systeme,

---

[17] Vgl. Wintermantel und Ha (2009, S. 105).
[18] Vgl. Wintermantel und Ha (2009, S. 105ff.).
[19] Vgl. Wintermantel und Ha (2009, S. 68).

die eine Regenerationsfähigkeit besitzen. Werkstoffe besitzen diese Eigenschaft jedoch nicht. Jeder Werkstoff, hierbei ist es irrelevant ob es sich um medizinische Implantate oder jegliche andere Form von Prothesen handelt, rufen im menschlichen Körper eine Implantat-Gewebe-Reaktion hervor. Diese tritt meist an der Grenze zwischen Werkstoff und Gewebe auf.[20]

Die Implantat-Gewebe-Reaktion kann in vier Subtypen untergliedert werden (vgl. Tabelle 1).[21]

Zum einen gibt es den „toxischen" Subtyp, welcher zum Absterben des Gewebes führt. Dies kann durch herausgelöste, gefährliche Substanzen oder durch das Abtöten von Zellen hervorgerufen werden.

Bei der „inerten" Reaktion kommt es zu einer Ausbildung einer bindegewebigen Kapsel, die den Werkstoff einschließt. Neben den rein inerten Werkstoffen gibt es auch poröse, inerte Materialien. Jene sorgen für eine mechanische Verankerung der Prothese bzw. des Implantats, indem sie das Einwachsen des Gewebes erlauben. Hierbei entstehen Poren, wodurch die Blutversorgung des Gewebes gesichert ist, was die Gewebeverträglichkeit erhöht.

Kommt es im Gegensatz dazu zu einer „bioaktiven" Reaktion, so wird eine Bindung zwischen Werkstoff und Gewebe ausgebildet.

Zum Schluss gibt es noch die Möglichkeit einer degradabelen Reaktion. Hierbei wird der Werkstoff durch das Gewebe ersetzt. Um diesen Effekt zu erzielen, muss das verwendete Material resorbierbar sein. Zudem muss die Resorptionsrate beachtet werden, denn um eine möglichst stabile Bildung des neuen Gewebes zu erzielen, darf der Werkstoff nicht zu früh resorbiert werden.

---

[20] Vgl. Wintermantel und Ha (2009, S. 69f.).
[21] Vgl. Wintermantel und Ha (2009, S. 70f.).

Implantat Eigenschaft	Gewebereaktion
toxisch	Gewebenekrose
inert	Eine nicht-adhärente Bindegewebskapsel wird durch das Gewebe um das Implantat gebildet
bioaktiv	Eine Bindung mit dem Implantat wird durch das Gewebe ausgebildet
degradabel	Implantat wird durch Gewebe ersetzt

3 Fallbeispiele zu verschiedenen Werkstoffen und deren Auswirkungen

Im Folgenden werden zwei Fallbeispiele zu verschiedenen Produkten, bezüglich derer Biofunktionalität und Biokompatibilität, erläutert. Im Vordergrund jener Betrachtung soll der metallische Werkstoff stehen, aus welchem das jeweilige Produkt erzeugt wurde. Zu jedem der Beispiele wird die Produktanwendung, der verwendete Werkstoff sowie die möglichen Auswirkungen des Materials auf den menschlichen Organismus erläutert.

Die nachstehenden Fallbeispiele wurden gewählt, da ein Großteil sämtlicher in der Medizintechnik erwirtschafteten Umsätze in den Bereichen der Zahnmedizin und der Prothetik (Endoprothesen) entstehen.[22] In Tabelle zwei sind sämtliche gängige metallische Werkstoffe aufgeführt, welche in den Bereichen der Endoprothetik und der Dentalchirurgie Anwendung finden.

---

[22] Statistisches Bundesamt zitiert nach de.statista.com (11.2013).

Anwendung:	Endoprothesen	Dentalchirurgie
Metallischer Werkstoff:	- Titan und Titanlegierungen - Co-Cr Legierungen	- Amalgam - Goldlegierungen - Titan und Titanlegierungen - Co-Cr Legierungen

Quelle: In Anlehnung an Wintermantel und Ha (2009, S. 190).

Das erste Beispiel handelt von zwei metallischen Endoprothesen, welche entweder aus Titan bzw. einer Titanlegierung oder aus einer Chrom-Cobalt (Co-Cr) Legierung angefertigt werden. Der Grund für die Wahl jener Materialien liegt darin, dass sie die einzigen metallischen Werkstoffe sind, welche bei der gängigen Fertigung von Gelenksprothesen zum Einsatz kommen.[23]

Das zweite Fallbeispiel befasst sich mit zwei Zahnfüllungen, da sowohl der Werkstoff Titan als auch Co-Cr Legierungen bereits im ersten Fallbeispiel umfangreich erläutert werden. Titan und Co-Cr Legierungen werden lediglich bei der Fertigung von Zahnimplantaten verwendet, wohingegen Amalgam und Goldlegierungen vor allem als Zahnfüllungen ihre Anwendung finden. Folglich befasst sich dieses Fallbeispiel mit zwei Zahnfüllungen aus Amalgam und einer Goldlegierung.[24]

Beide Fallbeispiele sollen die Signifikanz von Werkstoffeigenschaften in Bezug auf deren Biofunktionalität und Biokompatibilität verdeutlichen sowie die möglichen Folgen einer Nichtbeachtung jener Faktoren auf den menschlichen Organismus darstellen.

3.1 Endoprothesen aus Titan bzw. Titanlegierungen und Co-Cr-Legierungen

Die Fertigung von Produkten aus Titan erfolgte erst Mitte des 20. Jahrhundert. Titan ist heutzutage ein aus der modernen Medizintechnik nicht mehr wegzudenkendes Material.[25] Es werden ständig neue Produkte aus dem begehrten Werkstoff entwickelt

---

[23] Vgl. Wintermantel und Ha (2009, S. 190).
[24] Vgl. Wintermantel und Ha (2009, S. 190).
[25] Vgl. Wintermantel und Ha (2009, S. 192).

und in der Praxis eingesetzt, da immer wieder neue Anwendungsmöglichkeiten im menschlichen Organismus entdeckt werden.

Titan ist ein hochschmelzendes Material und findet in Form von Schrauben, Platten oder sogar umfassender Prothesen seine Anwendung. Obwohl Titan kein seltenes Metall ist und sogar zu den zehn am häufigsten in der Erdkruste vorkommenden Elementen gehört, macht es durch seine starken oxidischen Bindungen mit Eisen, Calcium, Schwefel oder Barium den Gewinnungsprozess recht kostspielig. Seine wohl bedeutendsten Eigenschaften sind zum einen die geringe elektrische und thermische Leitfähigkeit sowie eine hohe Zähigkeit.[26]

Titan zeichnet sich allerdings auch durch seine eher mittelmäßige Festigkeit aus, was die Entstehung von Titanlegierungen notwendig machte. Es wird somit nach reinem Titan (commercially pure (cp) titanium) und Titanlegierungen unterschieden. Mittels klinischer Studien hat sich die Titanlegierung Ti-6Al-4V (Zusammensetzung siehe Tabelle 3) als äußerst fähig erwiesen, da sie dem reinen Titan, bis auf seine geringere Festigkeit, sehr ähnlich ist (hohe Korrosionsbeständigkeit und Biokompatibilität). Die Haltbarkeit von Endoprothesen, welche aus cp Titan oder Ti-6Al-4V gefertigt wurden, liegt zwischen 15 und 20 Jahren.[27]

Tabelle 3: Zusammensetzung Ti-6Al-4V

Element	Zusammensetzung
Titan	89-91%
Aluminium	5,5-6,5%
Vanadium	3,5-4,5%

Quelle: In Anlehnung an Wintermantel und Ha (2009, S. 212).

Ein häufiges Problem von metallischen Werkstoffen ist ihre Korrosionsanfälligkeit im menschlichen Organismus. Metalle kommen im menschlichen Körper vorwiegend in sehr kleinen Konzentrationen (ng/ml bis mg/ml) vor und werden deshalb auch als Spurenelemente bezeichnet. Cu, Mn, Mo, Ni, V fallen beispielsweise unter den Begriff essentielle Spurenelemente und können bei deren Abwesenheit starke Mangelerscheinungen hervorrufen. Demgegenüber können jene Elemente bei zu hoher Konzentration auch eine toxische Wirkung auf den menschlichen Organismus entfalten. Damit es überhaupt zu einer chemischen Wechselwirkung zwischen Werkstoff und Empfängergewebe kommt, ist ein Austausch von Ionen zwischen der

---

[26] Vgl. Arnold (2013, S. 194f.).
[27] Vgl. Wintermantel und Ha (2009, S. 211).

Metalloberfläche und dem biologischen Gewebe vorausgesetzt. Durch eine Körperflüssigkeit, welche als komplexer Elektrolyt wirkt, kommt es zur Bildung eines galvanischen Elementes. Die Geschwindigkeit des Korrosionsvorgangs hat direkten Einfluss darauf, wie stark oder schwach Empfängergewebe und Werkstoff miteinander interagieren. Eine hohe Korrosionsbeständigkeit führt beispielsweise selbst bei toxischen Elementen zu keiner nennenswerten Interaktion, wohingegen eine geringe Korrosionsbeständigkeit bei toxischen Werkstoffen schon nach kurzer Zeit zu einer lokalen Konzentrationserhöhung von Metallionen führen kann.[28]

Die Korrosion eines Produktes kann zum Beispiel dazu führen, dass elektrische Ströme das Verhalten von Zellen beeinflussen, dass sich durch die Metallionen Zellstrukturen ändern, oder auch, dass sich die biochemische Umgebung im menschlichen Organismus ändert.[29]

Jene beschriebenen Folgen werden bei der Verwendung des Metalls Titan mit hoher Wahrscheinlichkeit nicht auftreten, aufgrund der hohen Korrosionsbeständigkeit des Werkstoffes, welche das Herauslösen von Metallionen weitestgehend verhindert. Die Ursache hierfür ist eine sich entstehende Oxidschicht bei Raumtemperatur, die das Metall passiviert und somit eine hohe Biokompatibilität zwischen Werkstoff und Organismus ermöglicht.[30] Diese Eigenschaften sind Auslöser dafür, dass sich die Nachfrage nach dem metallischen Werkstoff in den letzten Jahren kontinuierlich erhöht hat.[31]

Die ersten Kobaltbasislegierungen fanden ähnlich wie Titan erst im 20. Jahrhundert in der Medizin Anwendung. Heutzutage wird grundsätzlich nach drei unterschiedlichen in der Medizintechnik vorkommenden Kobaltbasislegierungen unterschieden:

- Kobalt-Chrom-Molybdän Legierungen
- Kobalt-Chrom-Wolfram-Nickel Legierungen
- Kobalt-Nickel-Chrom-Molybdän Legierungen

---

[28] Vgl. Wintermantel und Ha (2009, S. 195).
[29] Vgl. Wintermantel und Ha (2009, S. 196).
[30] Vgl. Arnold (2013, S. 198f.).
[31] Vgl. Deutsche Geologische Gesellschaft – Geologische Vereinigung e. V. (2021).

Jene Legierungen kommen in vielen unterschiedlichen Bereichen der Medizin zum Einsatz wie aus Tabelle vier zu entnehmen ist.[32]

Tabelle 4: Kobaltbasislegierungen und ihre medizintechnischen Anwendungsgebiete

Legierungen	Anwendungen
CoCrMo	- Gelenkersatz für Hüft-, Knie-, Ellbogen-, Schulter-, Knöchel- und Fingergelenke - Knochenplatten und -schrauben - künstliche Herzklappen
CoCrWNi	- Gelenkersatz - Herzklappen - Drähte - Chirurgische Instrumente
CoNiCrMo	- Hüftgelenkschäfte

Quelle: In Anlehnung an Wintermantel und Ha (2009, S. 208).

Aufgrund der verschiedenen Legierungsarten von Kobalt unterscheiden sich die jeweiligen Eigenschaften des Werkstoffes mitunter sehr stark voneinander, wie in Tabelle fünf zu erkennen ist:

Tabelle 5: Mechanische Eigenschaften der medizinisch relevanten Kobaltbasislegierungen

Legierung	Werkstoff-zustand	Zugfestigkeit [N/mm²]	Bruchdehnung [%]	Dauerfestigkeit [N/mm²]
CoCrMo	gegossen geschmiedet gesintert	650–1000 1175–1600 1275–1380	8–25 8–28 12–16	190–400 500–970 620–900
CoCrWNi	geglüht kaltverformt	900–1220 1350–1900	40–60 10–22	280–415 500–590
CoNiCrMo	geglüht kaltverformt kaltverformt und gealtert	800 1000–1280 1793	40–50 10 8	330–340 555 850

Quelle: Wintermantel und Ha (2009, S. 210).

Die einzigen für die Branche der Medizintechnik relevanten Eigenschaften, die unabhängig von der genauen Legierungsart bzw. Legierungszusammensetzung sind, sind die gute Korrosions- und Wärmebeständigkeit des Werkstoffes.

---

[32] vgl. Wintermantel und Ha (2009, S. 207f.).

Die Haltbarkeit von Endoprothesen, welche aus Kobaltbasislegierungen gefertigt wurden, liegt außerdem in der Regel zwischen 15 und 20 Jahren.[33]

Obwohl sich Kobaltlegierungen durch ihre geringe Anfälligkeit auf flächige Korrosion auszeichnen, wurde beobachtet, dass eine erhöhte Metallionenkonzentration im Blut durch das Herauslösen von Ionen verursacht wird. Eine Anhäufung von herausgelösten Ionen durch das Produkt, kann über einen längeren Zeitraum betrachtet für das umliegende Gewebe nicht als unbedenklich eingestuft werden.[34]

Mithilfe von klinischen Untersuchungen konnte festgestellt werden, dass zelltoxische Reaktionen durch Partikel ab einem Durchmesser von < 10 µm auftreten können. Ähnlich große herausgelöste Partikel verursachten bei dem Werkstoff Titan deutlich geringere Zellschädigungen als bei Co-Cr Legierungen. Außerdem wurde nachgewiesen, dass die Zelladhäsion bei Kobaltbasislegierungen geringer ist (bei vergleichbarer Oberflächenstruktur des Produktes), als bei Titan. Falls nach 2-15 Jahren Beschwerden durch die Endoprothesen bei Patienten auftraten, welche häufig auf allergischen Reaktionen des Organismus basierten, ging dies in der Regel mit einer erhöhten Menge von Kobalt und Chrom im Blut und im Urin des Betroffenen einher.[35]

In Tabelle sechs werden nun die bei den Endoprothesen verwendeten Werkstoffe, Titan bzw. Titanlegierungen und die Kobaltbasislegierungen, anhand ihrer für diese Studienarbeit relevantesten Merkmale komprimiert gegenübergestellt.

Tabelle 6: Gegenüberstellung von Titan bzw. Titanlegierungen und Kobaltbasislegierungen

	Produktart	Herstellung (Aufwand)	Kosten	Haltbarkeit	Bio-kompatibilität
Titan bzw. Titan-legierungen	Endo-prothese	++++	+++	+++++	++++
Kobalt-basierte Legierungen	Endo-prothese	+++	++	+++++	+++

Quelle: Eigene Erstellung
Legende: (+++++ = Sehr hoch; ++++ = hoch; mittel = +++; gering = ++; sehr gering = +)

---

[33] Vgl. Wintermantel und Ha (2009, S. 208f.).
[34] Vgl. Wintermantel und Ha (2009, S. 209f.).
[35] Vgl. Wintermantel und Ha (2009, S. 210f.).

3.2 Zahnfüllungen aus Amalgam und Goldlegierungen

Das folgende Fallbeispiel beschäftigt sich mit dem Werkstoff Amalgam, seinen Eigenschaften und seiner Verwendung. Die Legierung Amalgam ist bekannt als Füllung für kariesbedingten Zahnverlust, jedoch kommen auch natürliche Amalgame vor. Hier wird jedoch auf das zahnmedizinische Amalgam eingegangen. Die ersten Amalgamfüllungen sollen um 1820 in Europa gelegt worden sein, anschließend wurden sie in großen Mengen verwendet und dienen bis heute als Füllungsmaterial.[36]

Heutzutage gilt Amalgam allerdings als umstrittener Füllungsstoff und wird deutlich weniger verwendet als zuvor. Stattdessen werden Werkstoffe wie beispielsweise Keramik und Komposit verwendet. Dies liegt unter anderem an dem Beschluss der EU-Kommission, aufgrund dessen seit Juli 2018 die Verwendung von Amalgam reduziert werden soll. Dennoch gilt diese Art der Füllung als Kassenleistung.[37]

Bei Amalgam handelt es sich um eine Legierung von Quecksilber mit anderen Metallen. Zu diesen Metallen zählen Silber, Zinn, Kupfer und Zink. Sie werden in Form eines Legierungspulvers zu dem Quecksilber hinzugegeben. Bei der Zugabe der Metalle müssen unbedingt die chemischen Eigenschaften des Quecksilbers beachtet werden. Der Schmelzpunkt befindet sich bei diesem Stoff bei -38,83°C, während sich der Siedepunkt bei 357°C befindet. Damit ist Quecksilber bei Raumtemperatur flüssig. Kommt es nun zu einer Reaktion des Quecksilbers mit festen Metallen bei Zimmertemperatur, so liegt die Solidustemperatur weit oberhalb der Raumtemperatur.[38] Dies bedeutet, dass die Legierung unterhalb dieser Temperatur im festen Aggregatszustand vorliegt.

Im Vergleich zu anderen Metallen leitet Quecksilber den elektrischen Strom schlecht. Zudem ist dieses Element nur vorübergehend magnetisch. Zu den Eigenschaften des Amalgams zählt weiterhin seine gute Temperaturleitfähigkeit. Gut angemischte Amalgame sind zudem bakterienundurchlässig. Wird eine Amalgamfüllung nach dem

---

[36] Vgl. Schmidt (22.03.2019).
[37] Vgl. DFV Deutsche Familienversicherung AG (2018).
[38] Vgl. Geis-Gerstorfer et al. (2016, S. 241).

Legen gut poliert, so hält sich die hellsilbrige Farbe (siehe Abbildung 3) der kupferreichen Amalgame jahrelang.

Zu der Druckfestigkeit, die im Mundbereich besonders von Bedeutung ist, lässt sich sagen, dass sie nach 24 Stunden, sprich nach dem kompletten Aushärten, $300N/mm^2$ beträgt. Wie der Zeitraum von 24 Stunden vermuten lässt, bringt Amalgam eine späte Endfestigkeit mit sich. Nach 7-8 Stunden

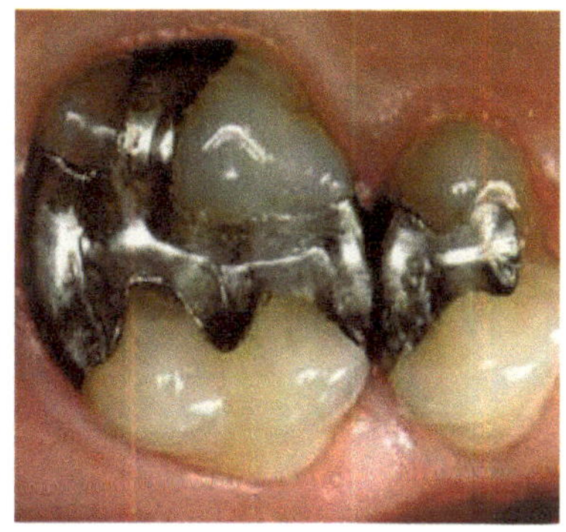

Abbildung 3: Amalgam Zahnfüllung
Quelle: Frankenberger (04.2017)

beträgt jene 70-90%. Außerdem gilt, je geringer der Quecksilbergehalt im Amalgam ist, desto besser sind die Trituration und die Kondensation.[39]

Es wird außerdem nach drei unterschiedlichen Amalgamarten unterschieden[40] :

-   Kupferamalgam: Hierbei handelt es sich um eine heterogene Legierung aus Kupfer und Quecksilber. Dieser Werkstoff gilt als bakterizid und damit als karieshemmend, allerdings löst er eine Schwarz- beziehungsweise Grünfärbung im Mund aus aufgrund der Bildung von Kupfer-Sulfid und Kupfer-Carbonat. Zudem kommt es bei Erwärmungen zu hohen Konzentrationen von Quecksilberdampf. Aufgrund dessen kommt diese Stoffverbindung heute nicht mehr zum Einsatz und kann somit in dieser Betrachtung vernachlässigt werden.

-   herkömmliche Amalgame (Betrachtung erfolgt in Anhang I.).

-   kupferreiche Amalgame (Betrachtung erfolgt in Anhang I.).

In der Regel werden kupferreiche Amalgame den herkömmlichen Amalgamen aufgrund ihrer höheren Haltbarkeit, welche durch den größeren Kupferanteil in der Legierung begünstigt wird, vorgezogen.[41]

---

[39] Vgl. Geis-Gerstorfer et al. (2016, S. 247).
[40] Vgl. Geis-Gerstorfer et al. (2016, S. 242ff.).
[41] Vgl. Geis-Gerstorfer et al. (2016, S. 241).

Nach 16 Jahren beträgt die Überlebensrate der Füllung 80%.[42] Dieser Werkstoff ist nicht nur leicht zu verarbeiten, sondern im Vergleich zu anderen Materialien kostengünstig. Zudem gilt er als außerordentlich bakterizid.[43] Dennoch wird Amalgam oftmals kritisch betrachtet. Bei Quecksilber handelt es sich im Grunde um ein giftiges Schwermetall, welches bereits bei Zimmertemperatur Dämpfe abgibt. So sind beispielsweise chronische und akute Vergiftungen möglich. Besonders zu beachten ist hierbei die Amalgamallergie. Jene macht das Legen einer solchen Füllung unmöglich, da es zu einer Immunantwort des Körpers kommt. Außerdem wird strengstens von einer Verwendung dieses Werkstoffes bei Schwangeren und Kindern abgeraten.[44] Zudem gelten eine eingeschränkte Nierenfunktion und das Knirschen als Kontraindikationen. Zum einen liegt dies daran, dass Nierengeschädigte kleinste Quecksilberpartikel nur schwer bis gar nicht verarbeiten können, zum anderen kommt es beim Knirschen zum Zahnabrieb und somit auch zum Abrieb der Amalgamfüllung.[45] Die höchste Quecksilberkonzentration im Körper entsteht dann, wenn eine Amalgamfüllung entfernt wird. Der natürliche Quecksilbergehalt kehrt allerdings nach wenigen Tagen beziehungsweise spätestens nach einem Monat zurück.[46]

Hartnäckig hält sich das Gerücht, dass eine Amalgamfüllung, nachdem sie gelegt wurde, große Mengen an Quecksilber abgibt. Allerdings entspricht dies nicht der Realität. Etwa 3-22µg Quecksilber werden pro Tag durch eine Amalgamfüllung aufgenommen. Die kritische Dosis befindet sich bei 400µg Quecksilber pro Tag.[47] Dies wird durch folgende Aussage der DGZMK von 2014 untermauert: „Die Quecksilberaufnahme liegt (...) durchschnittlich etwa in der gleichen Größenordnung wie die Quecksilberbelastung durch die Nahrung und ist toxikologisch unbedenklich.“[48]

Eine Alternative zur quecksilberhaltigen Amalgamfüllung bietet der Werkstoff Gold. Die Verwendung von Gold als Zahnfüllung nahm in den letzten Jahren immer weiter ab. Der Rückgang kann unter anderem mit dem hohen Anspruch an die Ästhetik

---

[42] Vgl. Wenz und Hellwig (2019, S. 271).
[43] Vgl. DFV Deutsche Familienversicherung AG (2018).
[44] Vgl. Pschyrembel (2017, S. 64f.).
[45] Vgl. Wenz und Hellwig (2019, S. 167).
[46] Vgl. Frankenberger (04.2017).
[47] Vgl. Pschyrembel (2017, S. 64f.).
[48] Frankenberger (04.2017).

begründet werden. Häufig präferieren Patienten eine Alternative zu Gold, da dieser mit seiner warmgelben Farbe (vgl. Abbildung 4) einen starken Kontrast zu den restlichen Zähnen darstellt, der oft nicht erwünscht ist.[49]

Bei Zimmertemperatur hat das Element Gold einen festen Aggregatszustand und kann bei 1064,18°C geschmolzen werden.[50] Dies zeigt, dass Gold nicht per se als Füllungsmaterial in Frage kommt,

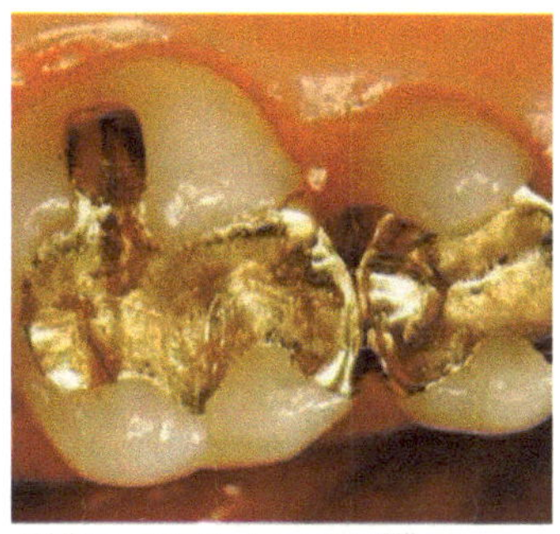

Abbildung 4: Goldlegierung Zahnfüllung
Quelle: Frankenberger (04.2017)

schließlich kann im oralen Bereich nicht bei diesen Temperaturen gearbeitet werden. Um dieser Schmelztemperatur gerecht zu werden, muss die Goldlegierung (Gold alleine wäre im Mund zu weich) im zahntechnischen Labor hergestellt werden. Eine Legierung auf Goldbasis sollte mindestens 18 Karat Gold beinhalten.[51] Als Legierungspartner dienen Silber, Kupfer, Platin und Palladium. Insbesondere die beiden letzten genannten Elemente führen zu einem homogenen, feinkörnigen Gefüge, welches korrosionsbeständiger ist und ein größeres Schmelzintervall hat. Um die Festigkeit zu erhöhen, werden Palladium, Silber, Platin, Kupfer, Zink, Zinn und Indium hinzugegeben. Hierbei kommt es zu keinem nennenswerten Verlust der Korrosionsstabilität und zudem bleibt die warmgelbe Farbe des Golds erhalten.[52]

Grundsätzlich lassen sich die goldhaltigen Legierungen in hochgoldhaltige und goldreduzierte Legierungen unterteilen (Betrachtung erfolgt in Anhang II.).

Sowohl die hochgoldartige als auch die goldreduzierte Variante kommen in der Praxis regelmäßig zum Einsatz. Die hochgoldartige Legierung zeichnet sich vor allem durch ihre hohe Korrosionsbeständigkeit und damit eine bessere Haltbarkeit aber auch durch ihren höheren Preis aus, wohingegen die Korrosionseigenschaften bei der goldreduzierten Legierung etwas geringer sind, was sich in den geringeren Kosten für diese Legierungsart zeigt. Die Wahl der Legierungsart wird somit von der Präferenz und der Mundhygiene des Patienten abhängig gemacht.[53]

---

[49] Vgl. DFV Deutsche Familienversicherung AG (06.12.2019).
[50] Vgl. Geis-Gerstorfer et al. (2016, S. 225).
[51] Vgl. Landeszahnärztekammer Thüringen (2021).
[52] Vgl. Strub (2011, S. 274).
[53] Vgl. Strub (2011, S. 276).

Obwohl Gold als allgemein gut verträglich gilt, kann es trotzdem zu nicht gewünschten Nebenwirkungen kommen. Diese können beispielsweise aufgrund eines schlecht verarbeiteten Inlays oder auch durch das elektrogalvanische Herauslösen von Kupfer entstehen.[54]

Hierbei zeigt sich eine allergische Reaktion an der angrenzenden Wangenschleimhaut. Diese Art der Allergie entsteht trotz des Namens Goldallergie nicht aufgrund des in dem Inlay enthaltenen Golds, sondern geht auf die anderen Legierungspartner zurück. Im Kontrast hierzu wird Goldschmuck auf der Haut toleriert, sodass keine Immunantwort des Körpers hervorgerufen wird.[55] Wie bei allen Metallen, die im Mundbereich verwendet werden, besteht auch hier die Gefahr, dass sich gesundheitsbeträchtlichen Lokalströme bilden. Hierzu kommt es insbesondere dann, wenn verschiedene Metalle beziehungsweise Legierungen verwendet werden und sich somit ein galvanisches Element bildet. Des Weiteren muss bedacht werden, dass der Speichel bei jedem Individuum verschieden aggressiv wirkt und somit die Schwermetallbelastung stark schwanken kann.[56] Ein Gold-Inlay setzt zudem den Abtrag gesunder Zahnhartsubstanz voraus, was bei tiefen Füllungslöchern zur Temperaturempfindlichkeit führen kann.[57]

In Tabelle sieben werden nun die verwendeten Zahnfüllungen aus, Amalgam und einer Goldlegierung, anhand ihrer für diese Studienarbeit relevantesten Merkmale komprimiert gegenübergestellt.

Tabelle 7: Gegenüberstellung von Amalgam und Goldlegierung

	Produktart	Herstellung (Aufwand)	Kosten	Haltbarkeit	Biokompatibilität
Amalgam	Zahn-füllung	+	+	+++++	++
Gold-legierung	Zahn-füllung	++++	++++	++++	++++

Quelle: Eigene Erstellung
Legende: (+++++ = Sehr hoch; ++++ = hoch; mittel = +++; gering = ++; sehr gering = +)

[54] Vgl. Geis-Gerstorfer et al. (2016, S. 281).
[33] Vgl. Geis-Gerstorfer et al. (2016, S. 288).
[56] Vgl. Zeeck et al. (2010, S. 29).
[57] Vgl. Techniker Krankenkasse (12.05.2021).

Anhand der Betrachtung beider Fallbeispiele wird deutlich das keines der aufgeführten Produkte gänzlich frei von Nebenwirkungen gesprochen werden kann, selbst wenn sie bei Erzeugnissen wie Titan oder Gold nur äußerst selten vorkommen.

Auslöser für jene Nebenwirkungen bzw. Beschwerden bei den Patienten sind in der Regel allergische Reaktionen des menschlichen Organismus auf den eingesetzten Fremdkörper. Erwähnte Allergien werden in unterschiedliche Arten unterteilt und haben je nach Art völlig verschiedenen Folgen bzw. Auswirkungen auf den menschlichen Körper.

Diese Arten der Allergien sollen im nächsten Kapitel näher erläutert werden um dem Leser die nötigen Grundlagen zu vermitteln um die Notwendigkeit der in Kapitel fünf beschriebenen Lösungsmöglichkeiten bzw. Handlungsalternativen nachvollziehen zu können.

4 Grundlagen Allergien

Bei Allergien handelt es sich im Grunde um eine pathophysiologische Immunreaktion des Körpers auf einen ungefährlichen Stoff. Diese Stoffe werden als Allergene bezeichnet und lösen im Körper, nachdem sie von Antikörpern erkannt wurden, eine Entzündungsreaktion hervor.[58] Diese Allergene zählen zu den Antigenen, wobei es sich um „ein Molekül, gegen das das Immunsystem reagieren kann"[59] handelt. Hierbei binden Rezeptoren von eben diesem Immunsystem an das Epitop des Antigens. Als Epitop wird die Stelle des Antigens bezeichnet, an welche Immunzellen binden können. Es wird differenziert zwischen sechs verschiedenen Typen von Allergien, wobei nur die ersten vier eine übergeordnete Rolle spielen.[60]

---

[58] Vgl. Amboss (19.05.2021).
[59] Brandes (2019, S. 316).
[60] Vgl. Brandes (2019, S. 316).

<u>Typ I: IgE-vermittelte Reaktion:</u>

Bei diesem Typ handelt es sich um den sogenannten Sofort-Typ.[61] Hierbei führen zwei Moleküle (Immunglobuline), die vom Immunsystem produziert wurden, vom Typ IgE nach einem ersten Kontakt mit dem Allergen zu einer allergischen Reaktion. Abgesehen von allergischen Reaktionen rufen IgE-Moleküle hauptsächlich eine Immunantwort auf parasitäre Erreger hervor. Immunglobuline können auch als Antikörper bezeichnet werden, welche von den B-Lymphozyten (im Knochenmark gebildete Abwehrzellen) fabriziert werden. Die zuvor erwähnten IgE-Moleküle zirkulieren in löslicher Form im Blut. Im inaktiven Zustand ist ein IgE an eine Mastzelle (vgl. Abbildung 5), welche für den Abbau von bestimmten Stoffen zuständig ist, gebunden. Werden nun zwei IgE-Moleküle durch ein Allergen miteinander verbunden, so kommt es zur Aktivierung der Mastzelle.[62] Jene enthalten in ihrem Zellinneren unteranderem Histamin.[63] Dieses ruft hierbei Spasmen der Atemwegsmuskulatur, Ödeme in der Haut und Schleimhäuten und den Serumaustritt aus Gefäßen hervor.[64] Nach der Aktivierung der Mastzelle kommt es zur Ausschüttung der Stoffe, die sich im Zellinneren befinden. Darüber hinaus nehmen auch weitere Zellen an dieser anaphylaktischen Reaktion teil. Dies führt zu derselben Wirkung wie sie zuvor bei den Mastzellen beschrieben wurde.[65]

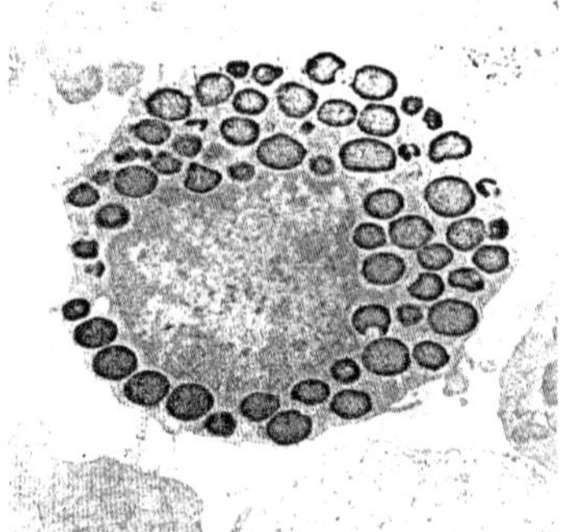

Abbildung 5: Elektronenmikroskopisches Bild einer Mastzelle
Quelle: Junqueira et al. (1984, S.133)

All dies führt zu dem klinischen Bild der allergischen Reaktion. Die für den Typ I relevanten Allergene sind Aeroallergene, sprich Pollen, Nahrungsmittelallergene, Insektengifte und Medikamente. Diagnostiziert werden kann dieser Typ mittels eines Hauttests, wobei dem Patienten mehrere Allergene in Form von Tropfen auf die Haut verabreicht werden und danach eine dermatologische Untersuchung folgt. Auch können die IgE-Moleküle im Blutserum nachgewiesen werden. Zur Therapie werden

---

⁶¹ Vgl. Lüllmann-Rauch (2012, S. 320).
⁶² Vgl. Brandes (2019, S. 322).
⁶³ Vgl. Junqueira et al. (1984, S. 133).
⁶⁴ Vgl. Amboss (19.05.2021).
⁶⁵ Vgl. Brandes (2019, S. 295).

Antihistaminika in Form von Tabletten, abschwellenden Nasensprays und Augentropfen gereicht. Zudem bietet sich eine Allergen-Immuntherapie an. Zu den Typ-I-Reaktionen zählen auch die sogenannten Kreuzreaktionen.[66]

Typ II: zytotoxische Reaktion:

Statt den zuvor erwähnten Immunglobuline vom Typ IgE spielen hier die IgG-Moleküle eine große Rolle. Diese werden von den B-Lymphozyten in das Blut abgegeben und gelten als wichtigste Antikörper der spezifischen Immunabwehr. Physiologisch richten diese sich gegen Krankheitserreger, allerdings wenden sich die IgG-Moleküle im Fall einer Typ-II-Reaktion gegen körpereigene Zellen. Binden die Antikörper nun an ihre Zielzellen, so lösen sie eine Entzündung aus.[67]

Zu den Symptomen zählen hohes Fieber, Anämien, Schweißausbrüche und Atemnot. Diese allergische Reaktion beruht auf der Verabreichung von Medikamenten und auf einer inkompatiblen Gabe von Bluttransfusionen. Als Therapie eignen sich unter anderem das Absetzen des Medikaments und die Gabe von hochdosierten Immunglobulinen.[68]

Typ III: Immunkomplex-Reaktion:

Bei diesem Typ gibt es auch verschiedene Arten von Allergenen, zu diesen zählen Aerogene, bakterielle und virale Antigene, Autoantigene, Tumorantigene und Medikamente.[69]

Die Immunkomplex-Reaktion beruht darauf, dass sich Fremdantigene beziehungsweise Antikörperkomplexe im Gewebe ablagern. Es folgt eine Immunreaktion des Körpers, wodurch das Gewebe schlussendlich zerstört wird. Dies erfolgt durch Leukozyten (weiße Blutkörperchen), welche Phagozytose (die Aufnahme nicht in der Zelle vorhandener Bestandteile) begehen. Hieraus folgt zudem die Abgabe von zytotoxischen Enzymen.[70] Insbesondere sind die Nieren und Herzklappen in Folge

---

[66] Vgl. Amboss (19.05.2021).
[67] Vgl. Brandes (2019, S. 322).
[68] Vgl. Amboss (19.05.2021).
[69] Vgl. Amboss (19.05.2021).
[70] Vgl. Brandes (2019, S. 322).

einer bakteriellen Infektion betroffen. Behandelt werden kann diese Form der Allergie mittels Gabe von Antihistaminika, Immunsuppressiva oder einem Plasmaaustausch.[71]

Typ IV: zelluläre T-Zell-vermittelte Reaktion (Kontaktallergie):

Als Allergene gelten hier metallische Stoffe, Duftstoffe, verschiedene Medikamente, Nahrungsmittel, Tuberkulin und als Sonderform eine Organtransplantation.[72]

Diese Art der allergischen Reaktion beruht nicht auf von B-Lymphozyten gebildeten Antikörpern, sondern auf T-Lymphozyten. Diese zeichnen sich dadurch aus, dass sie im Thymus gebildet werden. Diese Zellart wird weiter gegliedert in $CD4^+$- und $CD8^+$-T-Zelle. Für allergische Reaktionen sind die $CD4^+$-T-Zellen von Bedeutung. Diese Zellen werden auch Helferzellen genannt, wobei vor allem der Subtyp Th-2 für allergische Reaktionen relevant ist. Die von Allergenen aktivierten Zellen induzieren die Produktion von Zytokinen. Bei Zytokinen handelt es sich um regulierende Proteine, die Einfluss auf das Wachstum und die Differenzierung der Zellen nehmen. Insbesondere das Zytokin Interleukin-2 ist bei diesem Prozess wichtig. Dieses sorgt für eine starke Entwicklung der $CD4^+$-Zellen und der zytotoxischen Zellen. Letztere töten infizierte Zellen ab. Andere Zytokine stimulieren B-Zellen, sodass diese Antikörper gegen das vorhandene Antigen bilden können. Dies wird auch Klassenwechsel genannt. Zudem kommt es zur Freisetzung von Lymphokinen, wodurch Leukozyten zum Allergen hin angelockt werden. Anschließend kommt es zu einer verzögerten Entzündungsreaktion.[73]

Als diagnostische Mittel gelten Hauttests. Therapiert wird mit sofortigem Ende der Exposition (Karenz), feuchten Verbänden, juckreizhemmenden Umschlägen, Sitzbädern und der Gabe von Glucocorticoiden.[74]

[71] Vgl. Amboss (19.05.2021).
[72] Vgl. Amboss (19.05.2021).
[73] Vgl. Brandes (2019, S. 329ff.).
[74] Vgl. Amboss (19.05.2021).

Nach der Betrachtung aller vier Allergietypen wird klar, dass Typ IV (Kontaktallergie) für diese Studienarbeit am bedeutsamsten ist. Der Grund hierfür ist, dass die Typ IV Reaktion die einzige Reaktion ist, welche auf die Anwesenheit von Metallionen zurückzuführen ist.

Bei allen vier Fallbeispielen aus dem vorangegangenen Kapitel könnten allergische Reaktionen des Typ IV auftreten, da alle behandelten Werkstoffe Metallionen an das umliegende Gewebe abgeben. Die Menge an abgegeben Metallionen variiert von Metall zu Metall. Während die Menge an abgegebenen Metallionen bei Titan und Gold beispielsweise eher gering ausfallen und somit für den menschlichen Organismus kompensierbar sind, sind die Mengen bei Kobaltbasislegierungen und Quecksilber höher, was sich somit auf die Biokompatibilität der Werkstoffe (vgl. Tabelle 6 und Tabelle 7) auswirkt.

Die in den Werkstoffen enthaltenen Metallionen können sich an Proteine im menschlichen Körper binden und so gegebenenfalls eine anaphylaktische Reaktion hervorrufen. Lokal äußert sich eine durch werkstoffinduzierte Kontaktallergie durch Symptome wie Zahn- und Kieferschmerzen, Parodontose oder Zungenbrennen. Doch auch allgemeine Symptome wie Schlafstörungen, Kopfschmerzen und Müdigkeit können Anzeichen einer Kontaktallergie sein.[75]

Therapeutisch bietet sich die Karenz des allergenen Werkstoffes oder ein Materialaustauch an. Falls ein Materialaustauch bei einem Patienten aufgrund einer Metallunverträglichkeit notwendig sein sollte, ist das Vorhandensein von Alternativen Werkstoffen essentiell.[76]

5 Lösungsmöglichkeiten

Anhand des vorangegangenen Kapitels wurde deutlich, dass die einzige Möglichkeit eine Kontaktallergie, welche auf den Einsatz eines Metalls zurückzuführen ist, nur mithilfe eines vollständigen Materialaustausches zu behandeln ist.

---

[75] Vgl. Amboss (19.05.2021).
[76] Vgl. Amboss (19.05.2021).

Somit werden im Folgenden mehrere mögliche Alternativwerkstoffe bezüglich derer Biofunktionalität und Biokompatibilität betrachtet.

5.1 Polymere Werkstoffe

Polymere „sind hochmolekulare chemische Verbindungen (Makromoleküle) aus wiederholten Einheiten, welche Monomere genannt werden."[77] Ähnlich wie bei metallischen Werkstoffen müssen auch Produkte aus Polymeren Prüfungen bezüglich derer Biofunktionalität und Biokompatibilität unterlaufen. Grundvoraussetzung für biokompatible Polymere ist das Freisein von Additiven, zu welchen beispielsweise Weichmacher oder auch Stabilisatoren zählen.[78]

Polymere finden heutzutage in der Medizintechnik vielfach Anwendung. Ihre Einsatzgebiete reichen von Zahnfüllungen bis hin zu Endoprothesen. Bei der Fertigung von Endoprothesen wird in der Regel das Polymer Polyethylen genutzt, wohingegen Polymethylmethacrylat beispielsweise als Zahnfüllungsmaterial dient (vgl. Tabelle 8).[79]

Tabelle 8: Für diese Arbeit relevante Polymere und ihre medizintechnischen Anwendungsgebiete

Polymer	Anwendungsbereich
Polyethylen	- Hüftgelenksprothesen - Künstliche Knieprothesen - Sehnen- und Bänderersatz
Polymethylmethacrylat	- Knochenzement - Intraokulare Linsen und harte Kontaktlinsen - künstliche Zähne und Zahnfüllmaterial

Quelle: In Anlehnung an Wintermantel und Ha (2009, S. 220).

Um Bezug auf die Fallbeispiele in Kapitel drei zu nehmen, könnte der Werkstoff Polyethylen als Alternativstoff für die Endoprothesen aus Titan und Kobaltbasislegierungen dienen.

Jener Werkstoff zeichnet sich durch ein geringes toxisches Risiko, eine hohe Festigkeit und seine somit hohe Biokompatibilität aus. Ein Nachteil den Endoprothesen aus

---

[77] Fraunhofer-Institut für Umwelt-, Sicherheits- und Energietechnik UMSICHT (2021).
[78] Vgl. Wintermantel und Ha (2009, S. 219f.).
[79] Vgl. Wintermantel und Ha (2009, S. 220).

Polyethylen besitzen, ist ihre geringere Haltbarkeit im Vergleich zu metallischen Werkstoffen. Bei rund 30% aller Hüft-Endoprothesen aus Polyethylen kommt es nach ungefähr elf Jahren zu Komplikationen. Der Grund hierfür sind Verschleißvorgänge, welche im ungünstigsten Fall zu einer Prothesenlockerung führen können.[80]

Als Ersatz für die Zahnfüllungen aus einer Goldlegierung und Amalgam wäre der Werkstoff Polymethylmethacrylat, welcher in diesem Anwendungsfall als Komposit Füllung bezeichnet werden kann, geeignet. Bei der Komposit Füllung handelt es sich um einen zahnfarbenen Füllungswerkstoff auf Kunststoffbasis (siehe Abbildung 6). Er besteht aus einer anorganischen Phase, welche Füllungspartikel und Pigmente enthält, einer organischen

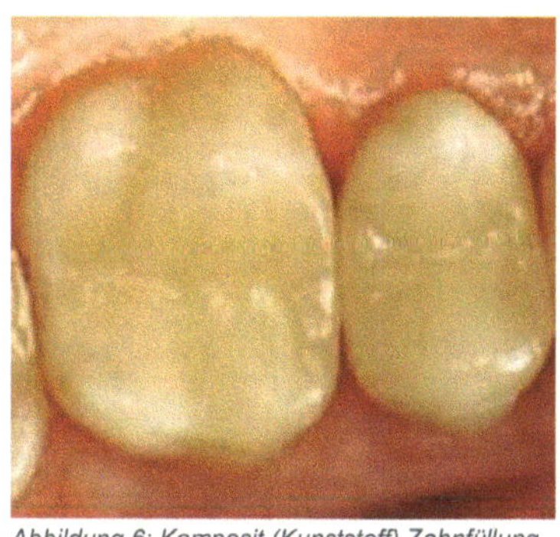

Abbildung 6: Komposit (Kunststoff) Zahnfüllung
Quelle: Frankenberger (04.2017)

Phase, welche verschiedene Methylacrylatgruppen enthält, und einem Haftvermittler. Aufgrund der bereits erwähnten Farbanpassung an den natürlichen Zahn bietet Komposit hier einen ästhetischen Vorteil im Vergleich zu Amalgam und Gold. Zudem zeigt dieser Werkstoff ein geringes toxikologisches Risiko und somit eine hohe Biokompatibilität auf. Diese Füllung zeichnet sich zudem durch eine sehr gute Mundbeständigkeit und eine hohe Haltbarkeit aus.[81]

Darüber hinaus kann nur dieses Material im plastischen Zustand vom behandelnden Zahnarzt gut modelliert werden, da die Verarbeitungszeit hier länger ist. Dies liegt darin begründet, dass die Füllung lichthärtend ist und der Zahnarzt den Erstarrungspunkt der flüssigen Füllung selbst steuern kann, was bei Amalgam und Gold nicht möglich ist. Besonders im Vergleich zu einer Goldfüllung wird klar, dass der Arbeitsaufwand bei einer Komposit Füllung geringer ist, da hierbei nicht ein zahntechnisches Labor hinzugezogen werden muss. Allerdings muss für das Legen einer Komposit Füllung der Mundraum komplett trocken gelegen werden, was bei einer Amalgamfüllung nicht von Nöten ist. Zudem ist die Wahrscheinlichkeit an einem weiteren kariösen Defekt an demselben Zahn zu erkranken bei Amalgam geringer als bei Komposit.[82]

---

[80] Vgl. Wintermantel und Ha (2009, S. 230ff.).
[81] Vgl. Geis-Gerstorfer et al. (2016, S. 224f.).
[82] Vgl. Geis-Gerstorfer et al. (2016, S. 228f.).

Es wird klar, dass sowohl Polyethylen als auch Polymethylmethacrylat sich als Alternativwerkstoffe, zu den im Kapitel drei eingesetzten Werkstoffen, eignen würden. Eine komprimierte Betrachtung der relevantesten Eigenschaften der Polymeren Werkstoffe, in Bezug auf die im dritten Kapitel erwähnten metallischen Werkstoffe und des noch folgenden Alternativwerkstoffes, erfolgt am Ende des Kapitels.

5.2 Keramische Werkstoffe

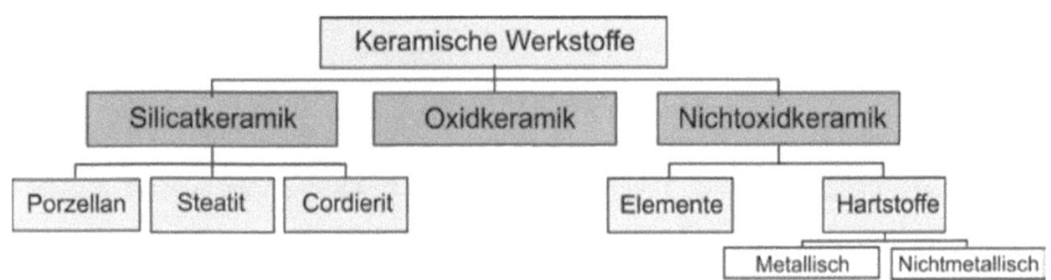

Abbildung 7: Einteilung keramischer Werkstoffe nach chemischer Zusammensetzung
Quelle: Arnold (2013, S. 272).

Unter den Begriff Keramik fallen eine Vielzahl von anorganischen nichtmetallischen Werkstoffen. Die Unterteilung des Werkstoffes kann anhand verschiedener Kriterien erfolgen. In der Regel ist allerdings die chemische Zusammensetzung des Materials von entscheidender Bedeutung bei der Untergliederung, wie der folgenden Abbildung zu entnehmen ist (vgl. Abbildung 7).

Zu den für diese Arbeit relevantesten keramischen Werkstoffen, die in der Medizin ihre Anwendung finden, gehören Aluminiumoxid (Oxidkeramik) und Glaskeramik (Silicatkeramik) wie in Tabelle neun zu erkennen ist.[83]

Aluminiumoxid wurde aufgrund der Häufigkeit seiner Anwendung gewählt und Glaskeramik, da es die einzige Keramikart ist, welche bei der Fertigung von Zahnfüllungen verwendet wird.[84]

---

[83] Vgl. Trautwein et al. (04.2010).
[84] Vgl. Geis-Gerstorfer et al. (2016, S. 165).

Tabelle 9: Für diese Arbeit relevante Keramiken und ihre medizintechnischen Anwendungsgebiete

Keramische Werkstoffe	Medizinische Anwendungsgebiete
Aluminiumoxid (Al_2O_3)	- Gelenksersatz - Dentalimplantate - Gesichtschirurgie - Mittelohrimplantate
Glaskeramik	- Implantate für die Gesichtschirurgie - Dentalimplantate - Zahnfüllungen - Knochenersatz - Wirbelersatz - Orthopädische Implantate

Quelle: In Anlehnung an Wintermantel und Ha (2009, S. 277).

Al_2O_3 findet häufig in Kombination mit Polyethylen bei der Fertigung von Endoprothesen seine Anwendung. Ein Nachteil dieser Kombination ist die recht hohe Abriebrate des Polyethylens, welche zwischen 20–130 µm/Jahr liegt. Die Abriebrate bei der Nutzung von Endoprothesen aus reinem Aluminiumoxid beträgt vergleichsweise lediglich 1-10 µm/Jahr. Von Nachteil hierbei ist, dass die Fertigung einer solchen Prothese sehr aufwendig und damit kostenintensiver ist.[85]

Al_2O_3 ist aufgrund mehrerer Eigenschaften gut für die Fertigung von Endoprothesen geeignet. Zu diesen zählen eine hohe Verschleißbeständigkeit, eine sehr hohe Korrosionsbeständigkeit sowie eine hohe Festigkeit. All dies führt zu einer ausgezeichneten Biokompatibilität des Materials und kann somit bedenkenlos als Alternativwerkstoff zu Titan bzw. Titanlegierungen und Kobaltbasislegierungen, um sich auf das Fallbeispiel aus Kapitel drei zu beziehen, eingesetzt werden.[86]

---

[85] Vgl. Wintermantel und Ha (2009, S. 279).
[86] Vgl. Wintermantel und Ha (2009, S. 278f.).

Als Alternativwerkstoff für die im dritten Kapitel vorgestellten Zahnfüllungen kann ein Keramik-Inlay dienen, welches in der Regel aus Glaskeramik angefertigt wird. Diese Keramikart zeichnet sich durch eine hohe Festigkeit, eine gute Transluzenz (sie verfügt über dieselben lichtbrechenden Eigenschaften wie ein menschlicher Zahn) und eine schmelzähnliche Härte aus.[87] Ein Keramik-Inlay bietet sich allerdings nur bei guter Mundhygiene an, da sich an der Befestigung des Inlays Bakterien vermehren können. Hier bietet die Amalgamfüllung einen Vorteil, da für diese eine gute Mundhygiene nicht gegeben sein muss.[88]

Dennoch bietet das Keramik-Inlay im Vergleich zum Gold-Inlay und der Amalgamfüllung den Vorteil, dass es als zahnfarbener Ersatz im Mundraum nicht auffällig ist und somit die Ästhetik gewahrt bleibt.[89] Zudem gilt Glaskeramik als äußerst biokompatibel, so sind bis heute keine Unverträglichkeiten zu diesem Werkstoff bekannt. Im Vergleich zu einem Gold-Inlay muss bei einem Keramik-Inlay weniger Zahnsubstanz

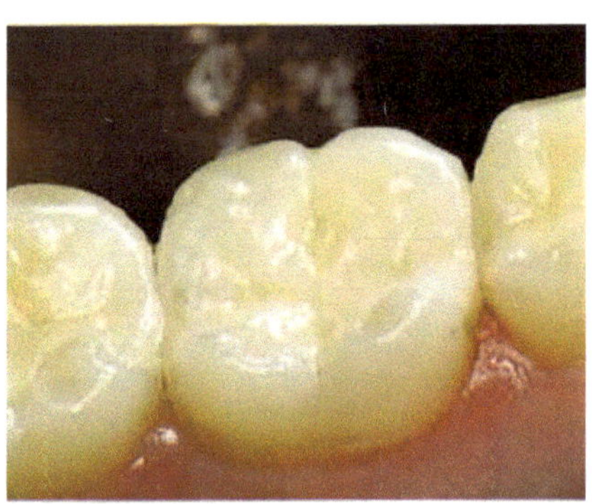

Abbildung 8: Keramik Zahnfüllung
Quelle: Frankenberger (04.2017)

abgetragen werden.[90] Jedoch muss bei einer einfachen Füllung, wie zum Beispiel bei Amalgam oder Komposit, noch weniger Zahnsubstanz entfernt werden.[91] Des Weiteren ist Keramik zwar günstiger als Gold, allerdings teurer als Amalgam.[92]

---

[87] Vgl. Geis-Gerstorfer et al. (2016, S. 171ff.).
[88] Vgl. Schmalz et al. (2007).
[89] Vgl. Geis-Gerstorfer et al. (2016, S. 175).
[90] Vgl. Geis-Gerstorfer et al. (2016, S. 305).
[91] Vgl. Schmalz et al. (2007).
[92] Vgl. Gesellschaft für Zahngesundheit, Funktion und Ästhetik (18.05.2021).

In der nachstehenden Tabelle zehn werden nun die für die Arbeit relevantesten Eigenschaften sämtlicher in Kapitel drei und fünf behandelter Werkstoffe, in komprimierter Form, im direkten Vergleich betrachtet.

Tabelle 10: Gegenüberstellung aller in dieser Arbeit behandelten Werkstoffe

	Produkt-art	Herstellung (Aufwand)	Kosten	Haltbarkeit	Bio-kompatibilität
Titan bzw. Titanlegierungen	Endo-prothese	++++	+++	+++++	++++
Kobaltbasislegierungen	Endo-prothese	+++	++	+++++	+++
Polyethylen	Endo-prothese	+	+	++	+++
Aluminiumoxid	Endo-prothese	+++++	++++	+++++	+++++
Amalgam	Zahn-füllung	+	+	+++++	++
Goldlegierung	Zahn-füllung	++++	++++	++++	++++
Polymethylmethacrylat	Zahn-füllung	++	++	+++	+++
Glaskeramik	Zahn-füllung	+++++	+++++	+++++	+++++

Quelle: Eigene Erstellung
Legende: (+++++ = Sehr hoch; ++++ = hoch; mittel = +++; gering = ++; sehr gering = +)

6 Zusammenfassung und Fazit

In den vorangegangenen fünf Kapiteln wurde der geschichtliche Verlauf der Prothetik und der Implantologie von den ersten rudimentären Erzeugnissen bis hin zu moderner Hightech Fertigung erläutert, was heute in einer der zukunftsorientiertesten, innovativsten und wachstumsstärksten Branchen der Welt ufert.

Mithilfe von zwei Fallbeispielen zu insgesamt vier unterschiedlichen metallischen Werkstoffen wurde zum einen die Signifikanz einer hohen Biofunktionalität und Biokompatibilität des eingesetzten Produktes deutlich gemacht und zum anderen die möglichen Auswirkungen einer unzureichenden Kompatibilität auf den menschlichen Organismus erläutert. Die Ursache für jene Reaktionen auf den metallischen Fremdkörper können in der Regel auf eine spezifische Art der Allergie zurückgeführt werden, wie in Kapitel vier beschrieben wurde. Sollte solch eine allergische Reaktion nach Einsatz des Produktes im Körper auftreten, ist diese lediglich mittels einer Karenz effektiv zu behandeln, was somit im Umkehrschluss bedeutet, dass das Vorhandensein von Alternativwerkstoffen in der Medizintechnik essenziell ist.

Erwähnte Alternativstoffe für metallische Werkstoffe in der Medizintechnik wurden im fünften Kapitel mit den im dritten Kapitel betrachteten Materialien in Vergleich gesetzt und anhand Herstellungsaufwand, Kosten, Haltbarkeit sowie Biokompatibilität komprimiert bewertet.

Zusammenfassend lässt sich feststellen, dass aufgrund unvorhersehbarer allergischer Reaktionen des menschlichen Organismus auf eingesetzte Werkstoffe die Entwicklung einer breiten und innovativen Palette an alternativen Werkstoffen notwendig ist. Jene Erweiterung wurde durch die Branche der Medizintechnik seit einigen Jahrzehnten bis heute sehr erfolgreich bestritten.

Denn durch die Vielfältigkeit des Menschen ist auch eine Vielfältigkeit an Behandlungs-möglichkeiten vonnöten.

Anhang

I: Betrachtung von herkömmlichem und kupferreichem Amalgam

	Herkömmliche Amalgame	Kupferreiche Amalgame
Zusammen-setzung:	- 50% Quecksilber - 32% Silber - 15% Zinn - 3% Kupfer	- 50% Quecksilber - 20-35% Silber - 8,5% Zinn - 6% Kupfer
Verarbeitung:	- Zahn reinigen, desinfizieren und trockenlegen - Triturieren: Mischen von Füllung und Quecksilber zur plastischen Masse - Stopfen: Einbringen von Amalgam unter hohem Druck → Material kondensiert - Glättung - Reinigung mit Zahnseide - Politur	
Eigenschaften:	- Partikelreste von Legierungspulver haben große Festigkeit - 24 Stunden bis zur endgültigen Verfestigung - Zinkhaltig bei Feuchtigkeitskontamination - Es entstehen Lokalelemente Druck → Expansion → Schmerz	- Schnelle Abbindung - Lange silbrige Farbe erhalten - Keine korrosionsbedingte Expansion - Niedrige Kriechwerte - Bessere Randständigkeit - Längere Haltbarkeit - Kompliziertes Volumenverhalten während Verfestigung
Kosten:	- Beide Legierungsarten besitzen ähnliche Kosten	
Haltbarkeit:	- Bessere Haltbarkeit bei kupferreichem Amalgam durch höheren Kupferanteil	

II: Betrachtung von hochgoldhaltigen und goldreduzierten Goldlegierungen

	hochgoldhaltig	goldreduziert
Zusammensetzung:	- Mehr als 70% Gold - 5-15% Platin - 5-15% Silber - 5-15% Kupfer - 5-10% Palladium	- Bis zu 55% Gold - 20–50% Palladium - 5-20% Silber - 5-15% Kupfer - 5-10% Gallium - 2-10% Indium
Verarbeitung:	- Abformung des Kiefers und eine provisorische Versorgung des betroffenen Zahns muss zunächst erfolgen - zahntechnisches Labor fertigt die Einlagefüllung aus der Goldlegierung an (Inlay) - wird im Anschluss vom Zahnarzt mittels eines Zements oder Spezialkleber angebracht. - Goldlegierung dehnt sich in den nachfolgenden Stunden noch etwas aus, was wiederum zu einem optimalen Sitz des Inlays führt (guter Randschluss) → aufwändig zu verarbeitendes Material	
Eigenschaften:	- geringes E-Modul - hohe Wärmeleitfähigkeit - hohe Dichte - hohe Korrosionsbeständigkeit	- erhöhter Anteil an Silber und Kupfer - geringere Korrosionsbeständigkeit → höhere Pflege durch Patienten nötig
Kosten:	- durch hohen Goldanteil teure Füllungsvariante	- durch geringeren Goldanteil billigere Füllungsalternative
Haltbarkeit:	- sehr langlebig (ca. 15 Jahre bei guter Pflege) - Infiltration von Bakterien wird durch Randschluss reduziert	

Erstes Literaturverzeichnis

Arnold, Bozena (Hrsg.). 2013. *Werkstofftechnik für Wirtschaftsingenieure*. Berlin, Heidelberg: Springer Berlin Heidelberg

Brandes, Ralf (Hrsg.). 2019. *Physiologie des Menschen. Mit Pathophysiologie : mit 850 Farbabbildungen*. Berlin: Springer

Geis-Gerstorfer, Jürgen, Reinhard Marxkors, und Hermann Meiners. 2016. *Taschenbuch der zahnärztlichen Werkstoffkunde. Vom Defekt zur Restauration*. Köln: Deutscher Zahnärzte Verlag

Gerste, Ronald. 2016. Die Geschichte der Prothesen. *Neue Zürcher Zeitung*, 30. September

Junquelra, Luis C., José Carneiro, und Theodor Heinrich Schiebler. 1984. *Histologie. Lehrbuch der Cytologie, Histologie und mikroskopischen Anatomie des Menschen unter Berücksichtigung der Histophysiologie*. Berlin, Heidelberg: Springer

Lüllmann-Rauch, Renate. 2012. *Taschenlehrbuch Histologie. 10 Tabellen*. Stuttgart: Thieme

Pschyrembel, Willibald. 2017. *Pschyrembel klinisches Wörterbuch*. Berlin, Boston: De Gruyter

Schmalz, G., W. Geurtsen, B. Haller, und M. Federlin. 2007. Zahnfarbene Restaurationen aus Keramik: Inlays, Teilkronen und Veneers. *Zahnärztliche Mitteilungen* (17)

Schmidt, Peter. 2019. Ist Amalgam gefährlich? *Praxis für Zahnmedizin – DS Peter Schmidt*, 22. März

Strub, Jörg Rudolf. 2011. *Artikulatoren, Ästhetik, Werkstoffkunde, Festsitzende Prothetik*

Trautwein, Mark., S. Wantaschek, H. Scheller, und G. Weibrich. 2010. Vergleichende klinische Untersuchung zur Versorgung mit Aluminiumoxidund Zirkoniumdioxid-Kronen, befestigt auf Einzelzahnimplantaten: 367–378

Uhlmann, Berit. 2016. Geschichte der Implantate - Gewagte Einsätze. *Süddeutsche Zeitung*, 15. März

Wenz, Hans-Jürgen und Elmar Hellwig. 2019. *Zahnärztliche Propädeutik. Einführung in die Zahnheilkunde*. Köln: Deutscher Zahnärzte Verlag

Wintermantel, Erich und Suk-Woo Ha. 2009. *Medizintechnik. Life Science Engineering*. Berlin, Heidelberg: Springer Berlin Heidelberg

Zeeck, Axel, Stephanie Grond, Ina Papastavrou, und Sabine Zeeck. 2010. *Chemie für Mediziner*. München: Elsevier, Urban & Fischer

Zweites Literaturverzeichnis

Amboss. 2021. Allergische Erkrankungen.
https://next.amboss.com/de/article/ek0x5T#Z243330c047e018984425d27bf33271e7.
Zugegriffen: 19. Mai 2021

Deutsche Geologische Gesellschaft – Geologische Vereinigung e. V. 2021. Bedarf an
Titanmetall wird kontinuierlich steigen:
https://www.dggv.de/aktuelles/neuigkeiten/detail/artikel/bedarf-an-titanmetall-wird-
kontinuierlich-steigen.html. Zugegriffen: 18. Mai 2021

DFV Deutsche Familienversicherung AG. 2018. Amalgam: Unbedenkliche Zahnfüllung oder
gefährliches Risiko? https://www.deutsche-
familienversicherung.de/zahnversicherungen/zahnzusatzversicherung/ratgeber/artikel/amalg
am-unbedenkliche-zahnfuellung-oder-gefaehrliches-risiko/. Zugegriffen: 19. Mai 2021

DFV Deutsche Familienversicherung AG. 2019. Zahnfüllungen: Arten, Behandlungsablauf &
Kosten. https://www.deutsche-
familienversicherung.de/zahnversicherungen/zahnzusatzversicherung/ratgeber/artikel/zahnfu
ellungen-arten-behandlungsablauf-kosten/. Zugegriffen: 12. Mai 2021

Frankenberger, Roland. 2017. Zahnärztliche Füllungsmaterialien.
https://www.zahnmedizinische-
patienteninformationen.de/documents/10157/903264/Zahn%C3%A4rztliche+F%C3%BCllung
smaterialien/3f27e8c4-28ae-406c-8ba7-7191da3ff41b?version=4.1&previewFileIndex=0.
Zugegriffen: 19. Mai 2021

Fraunhofer-Institut für Umwelt-, Sicherheits- und Energietechnik UMSICHT. 2021.
Grundlagen zu Polymeren und Kunststoffen. https://www.umsicht.fraunhofer.de/de/ueber-
fraunhofer-umsicht/nachhaltigkeit/nationale-informationsstelle-nachhaltige-
kunststoffe/polymere-kunststoff/grundlagen.html. Zugegriffen: 7. Mai 2021

Gesellschaft für Zahngesundheit, Funktion und Ästhetik. 2021. Keramik-Inlay und Keramik-
Onlay: Erste Wahl für Füllungen. https://www.gzfa.de/diagnostik-
therapie/zahnersatz/festsitzender-zahnersatz/keramik-inlay-und-keramik-onlay/. Zugegriffen:
18. Mai 2021

Landeszahnärztekammer Thüringen. 2021. Von Amalgam bis Zement: Die vielfältigen
Füllungsmaterialien. https://www.lzkth.de/lzkth2/cms_de.nsf/lzkth/zahnfuellung.htm#08.
Zugegriffen: 20. Mai 2021

Liebsch, Hilmar. 2015. Zeitreise - Kurze Geschichte der Prothetik.
https://www.swr.de/odysso/kurze-geschichte-der-prothetik/-
/id=1046894/did=15192802/nid=1046894/1pw6z6t/index.html. Zugegriffen: 20. Mai 2021

Statistisches Bundesamt. 2020. Lebenserwartung und Sterblichkeit.
https://www.destatis.de/DE/Themen/Querschnitt/Demografischer-
Wandel/Aspekte/demografie-lebenserwartung.html. Zugegriffen: 17. Mai 2021

Statistisches Bundesamt zitiert nach de.statista.com. 2013. Verteilung der Inlandsproduktion
von medizintechnischen Gütern in Deutschland nach Produktgruppen.
https://de.statista.com/statistik/daten/studie/299049/umfrage/verteilung-der-
inlandsproduktion-von-medizintechnischen-guetern-in-deutschland/. Zugegriffen: 18. Mai
2021

Statistisches Bundesamt zitiert nach de.statista.com. 2020. Medizintechnik in Deutschland - Inlandsumsatz bis 2019. https://de.statista.com/statistik/daten/studie/30711/umfrage/deutsche-medizintechnik-industrie-umsatz-im-inland/. Zugegriffen: 26. April 2021

Techniker Krankenkasse. 2021. Keramik, Gold, Galvano, Komposit - welches ist das richtige Inlay? https://www.tk.de/techniker/gesundheit-und-medizin/behandlungen-und-medizin/zaehne-und-kieferorthopaedie/inlays-2021562. Zugegriffen: 20. Mai 2021

Wenzel, Silvio. 2020. Prothesen. https://www.planet-wissen.de/gesellschaft/medizin/prothesen/index.html. Zugegriffen: 20. Mai 2021